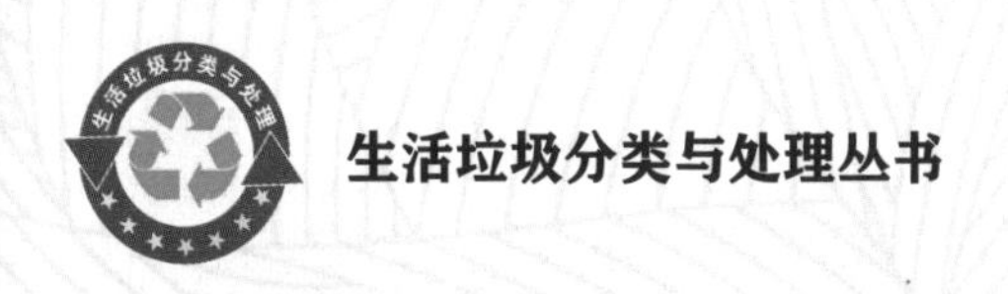


SHENGHUO LAJI FENLEI ZHISHI DUBEN

# 生活垃圾分类知识读本

主　编　李世义



河南科学技术出版社

·郑州·

**图书在版编目（CIP）数据**

生活垃圾分类知识读本／李世义主编；韩慧丽等参编．—郑州：河南科学技术出版社，2020.7（2021.9重印）

ISBN 978-7-5349-9902-4

Ⅰ．①生… Ⅱ．①李… ②韩… Ⅲ．①垃圾处理－普及读物 Ⅳ．①X705-49

中国版本图书馆CIP数据核字(2020)第048539号

---

出版发行：河南科学技术出版社

地址：郑州市郑东新区祥盛街27号　邮编：450016

电话：（0371）65788139　65788613

网址：www.hnstp.cn

策划编辑：李肖胜　冯俊杰

责任编辑：冯俊杰

责任校对：牛艳春

整体设计：张德琛

责任印制：张艳芳

印　　刷：河南博雅彩印有限公司

经　　销：全国新华书店

幅面尺寸：890 mm × 1 240 mm　1/32　印张：1.5　字数：50千字

版　　次：2020年7月第1版　2021年9月第3次印刷

定　　价：10.00元

---

要开展广泛的教育引导工作，让广大人民群众认识到实行垃圾分类的重要性和必要性，通过有效的督促引导，让更多人行动起来，培养垃圾分类的好习惯，全社会人人动手，一起来为改善生活环境作努力，一起来为绿色发展、可持续发展作贡献。

——习近平

## 《生活垃圾分类知识读本》编委会

---


主　　任　马福立

副 主 任　杜学文

编　　委　魏贵臣　李世义　胡祥营　郭显锋　赵根平　韩慧丽
　　　　　郝　钢　孙　海　李肖胜

主　　编　李世义

副 主 编　韩慧丽　赵仕沛

参编人员　韩慧丽　赵仕沛　王　婷　王　静　郝　钢　周彩景
　　　　　郝军亮　金　明　杨立敏　湛米安　彭阿辉　王　翔

# 前言

本书是根据国家标准《生活垃圾分类标志》（GB/T 19095—2019）和《郑州市城市生活垃圾分类管理办法》编写的，主要包括为什么进行生活垃圾分类、如何进行生活垃圾分类、生活垃圾分类的好处、减少生活垃圾的途径和方法、国内外生活垃圾分类与回收的先进经验五部分。读本图文并茂、言简意赅，提倡绿色环保生活方式、奉献爱心积极参与环保公益活动等是其突出特点；适合河南省城市居民、学生及有关环境卫生管理人员阅读，旨在让城市居民、学生及相关人员理解生活垃圾分类的意义、学会生活垃圾分类的方法，了解减少生活垃圾的途径。当前我国发生新冠肺炎特大疫情，做好生活垃圾分类就是把有限的医疗废物处理能力用在疫情防控的刀刃上，从长远的角度来看，此次疫情既是危机也是契机，期望每个人都能提升文明素养，及时做好生活垃圾分类，打赢这场疫情防控阻击战，为建设美丽中国贡献自己的力量。

该读本在编写过程中得到河南省环境保护科学研究院、河南省环境保护产业协会环保管家专业委员会、郑州市生活垃圾分类工作推进领导小组办公室、郑州市城市管理局、郑州市生态环境局、河南咏蓝环境科技有限公司、河南佳昱环境科技有限公司、济源蓝天科技有限责任公司、河南省正大环境科技咨询工程有限公司、南阳市环境保护产业协会的大力支持，在此表示衷心感谢！

由于作者能力水平和时间所限，本书可能存在错误和不当之处，敬请各位读者批评指正！

本书编委会

2020 年 4 月

# 目录


第 1 章　为什么进行生活垃圾分类 ...................... 1

1.1　什么是生活垃圾 ...................... 2
1.2　为什么进行生活垃圾分类 ...................... 2
1.3　生活垃圾处理存在的问题 ...................... 3
1.4　生活垃圾的危害 ...................... 4

第 2 章　如何进行生活垃圾分类 ...................... 7

2.1　什么是垃圾分类 ...................... 8
2.2　生活垃圾种类介绍 ...................... 8
2.3　城市居民生活垃圾分类投放 ...................... 13
2.4　疫情期间生活垃圾分类 ...................... 17

第 3 章　生活垃圾分类的好处 ...................... 19

3.1　变废为宝 ...................... 20
3.2　减少污染和危害 ...................... 21
3.3　减少占地，缓解“邻避效应” ...................... 22

第 4 章　减少生活垃圾的途径和方法 ...................... 24

4.1　生活垃圾三减量 ...................... 25
4.2　绿色环保生活方式 ...................... 26

第 5 章　生活垃圾分类与回收先进经验 ...................... 30

5.1　国内垃圾分类与回收先进经验 ...................... 31
5.2　国外垃圾分类简介 ...................... 35

# 第 1 章 为什么进行生活垃圾分类

## 1.1 什么是生活垃圾

生活垃圾是指在日常生活中或者为日常生活提供服务的活动中产生的固体废物，以及法律、行政法规规定视为生活垃圾的固体废物。生活垃圾不同于建筑垃圾、医疗垃圾和工业固体废物，它是跟人们生活密切相关的一类固体废物。

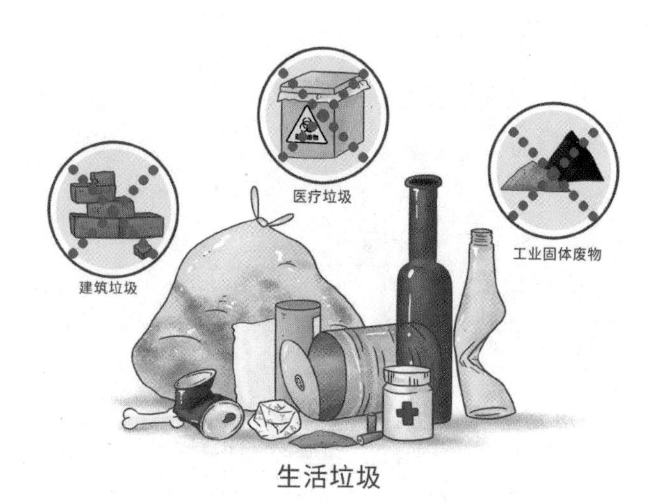


生活垃圾

## 1.2 为什么进行生活垃圾分类

每个人都是生活垃圾的制造者，每个人也是生活垃圾的受害者，所以，我们每个人都要做生活垃圾分类的执行者和责任者。

实行生活垃圾分类，关系广大人民群众生活环境，关系节约使用资源，也是社会文明水平的一个重要体现。

党和国家非常重视生活垃圾分类工作。

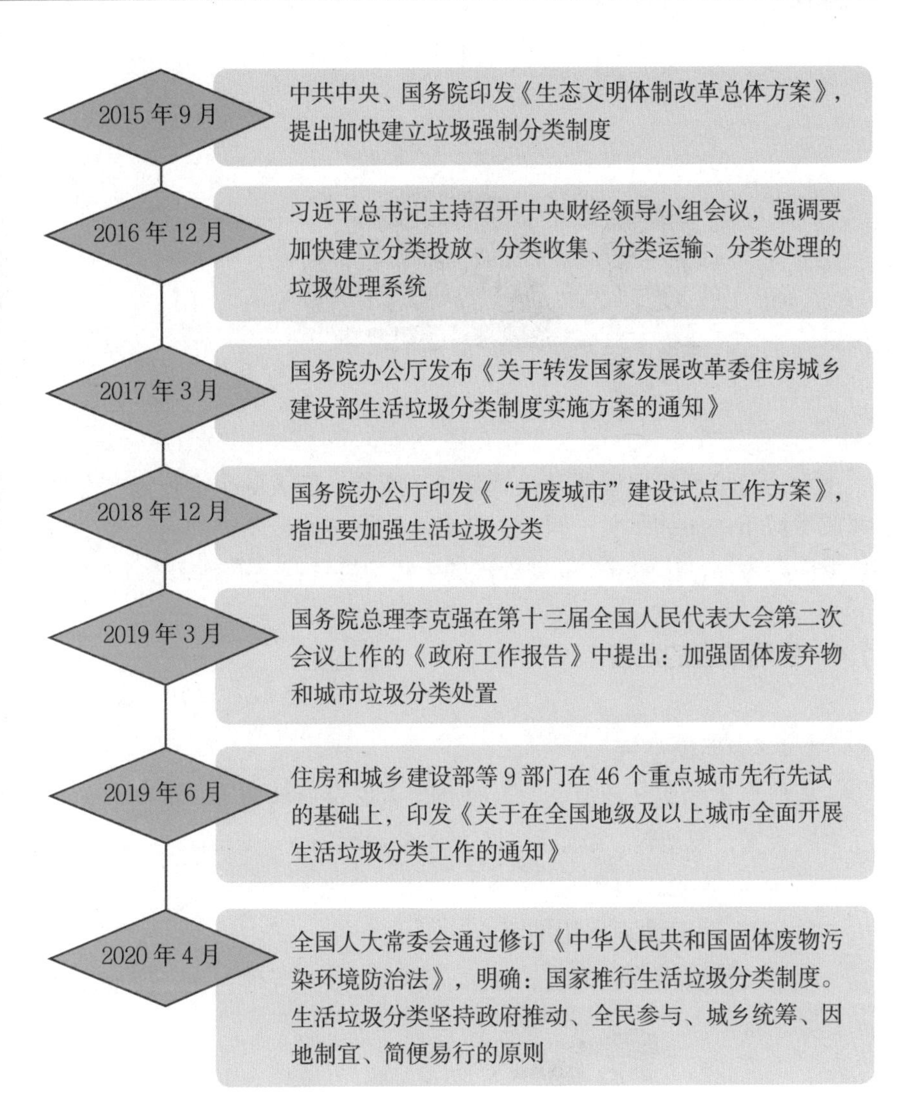


## 1.3　生活垃圾处理存在的问题

城市里平均每个人每天要产生1.16千克的生活垃圾，据郑州市官方公布数据，目前，郑州市区日均生活垃圾产生量已超过7 000吨，郑州市垃圾处理场和荥阳市垃圾焚烧发电厂都处于超负荷运转中。

无论是填埋场填埋还是垃圾焚烧厂焚烧，巨大的生活垃圾产生量都成了城市的千钧重负。因此，从源头削减，采取不同的途径将生活垃圾变废为宝，从而减少需要处理的生活垃圾量，成了当务之急。

## 1.4 生活垃圾的危害

### 1.4.1 污染空气

生活垃圾的成分很复杂，大量垃圾露天堆放的地方，臭气熏天；在大风天气，废塑料、纸张和细小颗粒随风飘扬。

### 1.4.2 污染地表水和地下水

生活垃圾直接弃入河流、湖泊、池塘，或露天堆置，经雨水冲刷

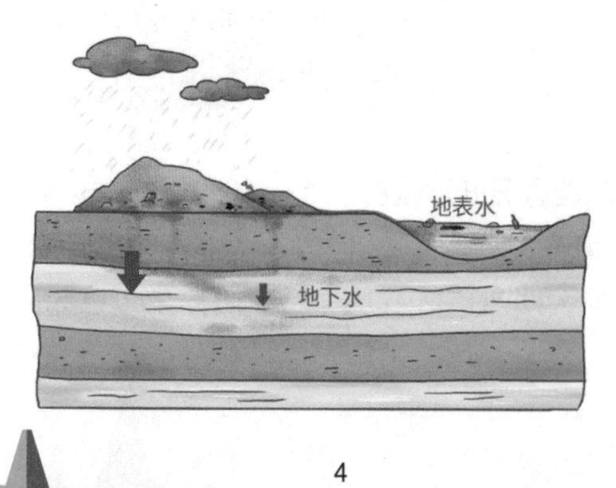

产生的大量的酸性和碱性有机污染物，以及溶解出来的重金属，都会造成地表水、地下水的污染。

### 1.4.3　占用土地、污染土壤

生活垃圾无论是随意堆放还是被运到垃圾填埋场，均占用土地，而且长时间的堆存将影响土壤结构，致使土质劣化。各种生活垃圾在自然界停留的时间：烟头、羊毛织物为 1~5 年；橘子皮为 2 年；易拉

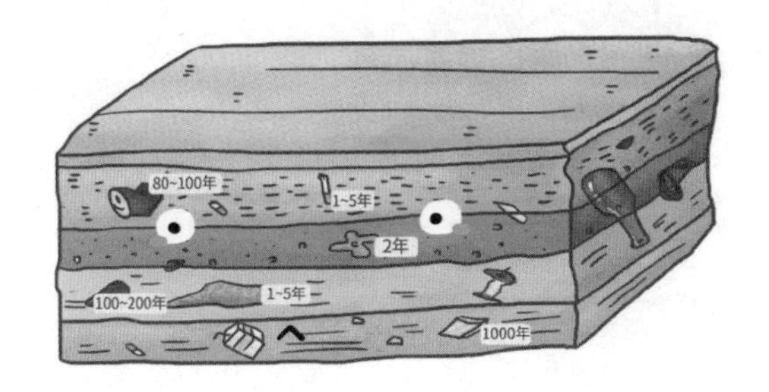


罐为 80~100 年；塑料为 100~200 年；玻璃为 1 000 年。加上有毒成分和重金属含在其中，这些土地也就失去了利用价值。

### 1.4.4 存在安全隐患

生活垃圾中含有大量可燃物，遇明火或自燃易引起火灾。另外，垃圾堆放过程中发酵，产生甲烷等可燃气体，因此生活垃圾会发生自燃、自爆现象。2016 年 9 月，广州一垃圾填埋场就曾自燃起火，现场浓烟滚滚，并伴随浓烈刺鼻气味。

### 1.4.5 危害人类健康

垃圾场几乎是所有微生物滋生的温床，这些微生物包括病毒、细菌、支原体、衣原体等；而且能为老鼠、蚊蝇、蟑螂等提供食物和栖息、繁殖的场所，导致疾病传播。另外，废灯管、废油漆特别是废电池等有害物质的混入，直接或间接危害人体健康，对人体健康构成极大威胁。

# 第 2 章
# 如何进行
# 生活垃圾分类

## 2.1 什么是垃圾分类

垃圾分类，就是将垃圾按照其回收价值的不同和对环境的污染程度的不同，分成不同的几类，有利于垃圾的回收利用与处理。按照“有害单放、餐厨分装、可用回收、投放易行”的原则进行分类，再对其进行收运、处理以实现城区生活垃圾减量化、资源化和无害化处置。

## 2.2 生活垃圾种类介绍

根据《生活垃圾分类标志》（GB/T 19095—2019）、《郑州市城市生活垃圾分类管理办法》，生活垃圾分为四类：可回收物、有害垃圾、厨余垃圾、其他垃圾。每类垃圾的盛放均设置有独立垃圾桶，并采用不同颜色进行区分。

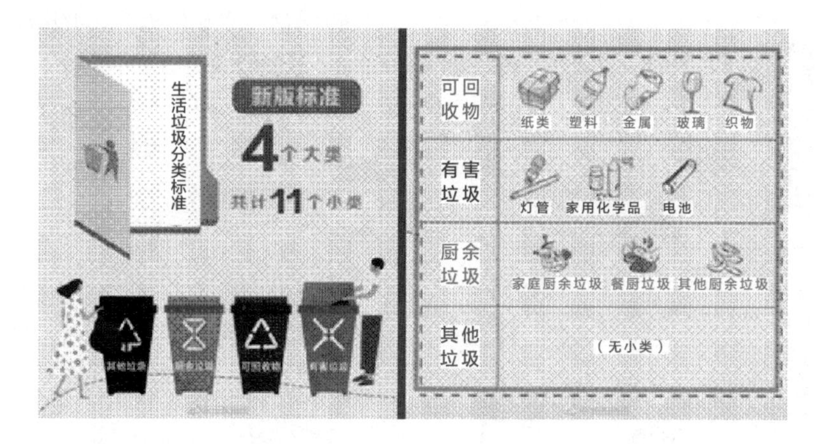


## 2.2.1　可回收物

可回收物是指适宜回收和资源化利用的废弃物，主要分为五小类：纸类、塑料、金属、玻璃和织物等。

纸类。适宜回收利用的各类废书籍、报纸、纸板箱、纸塑铝复合包装等纸制品。常见的有废弃的复印纸、宣传单、包装纸、信封、硬纸板等，牛奶等食品利乐包装也属此类。

塑料。适宜回收利用的各类废塑料瓶、塑料桶、塑料餐盒等塑料制品。常见的有废弃的 PET 塑料瓶（矿泉水瓶、饮料瓶）、硬质塑料瓶、塑料油桶、软桶、塑料衣架、塑料玩具、塑料袋、包装袋（如零食包装袋、快递包装袋）、塑料泡沫、气泡缓冲材料、水果网套、热饮（如咖啡）杯杯盖等。

金属。适宜回收利用的各类废金属易拉罐、金属瓶、金属工具等金属制品。常见的有废弃的金属文具盒、金属玩具车、扳手、螺丝刀、金属文件柜等。

玻璃。适宜回收利用的各类废玻璃杯、玻璃瓶、镜子等玻璃制品。常见的有废弃的玻璃杯、啤酒瓶、红酒瓶、白酒瓶等。

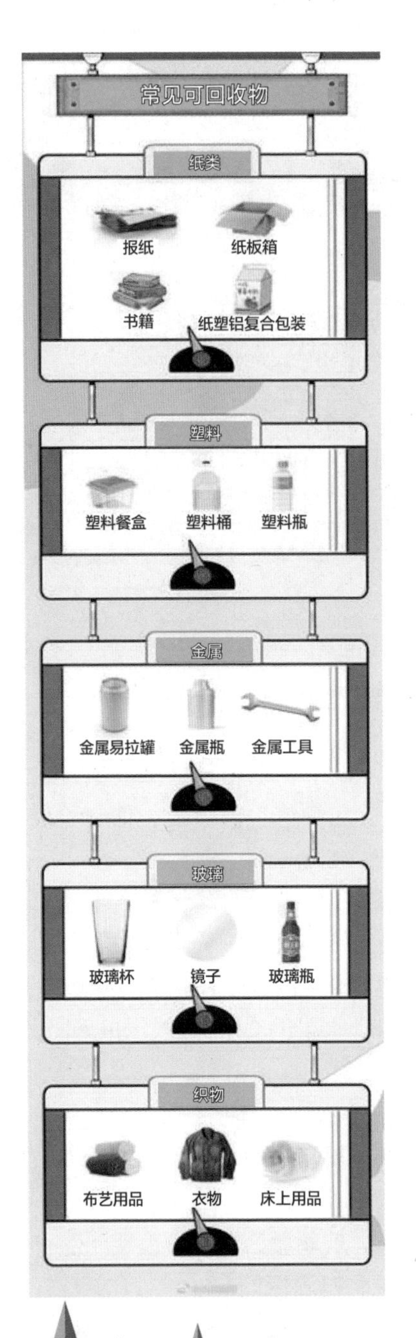


织物。适宜回收利用的各类衣物、穿戴用品、床上用品、布艺用品等纺织物。常见的有废弃的布娃娃、电热毯等。

**小贴士**

根据《郑州市城市生活垃圾分类管理办法》，家具、家用电器等大件废弃物归入可回收物，目前一般由商业性质的公司进行回收。

## 2.2.2　有害垃圾

有害垃圾是指对人体健康或者自然环境造成直接或者潜在危害的生活垃圾。主要分为三小类：灯管类、家用化学品和电池。

灯管类。居民日常生活中产生的废荧光灯管、废水银温度计、废血压计等。常见的有废弃的节能灯（含水银）、含水银的 LED 灯、废荧光灯管等。

家用化学品。居民日常生活中产生的废药品及其包装物、废杀虫剂和消毒剂及其包装物、废油漆和溶剂及其包装物、废矿物油及其包装物、废胶片及废相纸等。常见的有过期感冒药、止咳糖浆玻璃瓶、透明塑料药瓶、眼药水瓶、染发剂包装盒、指甲油瓶子等。

电池。居民日常生活中产生的废镍镉电池和氧化汞电池等。

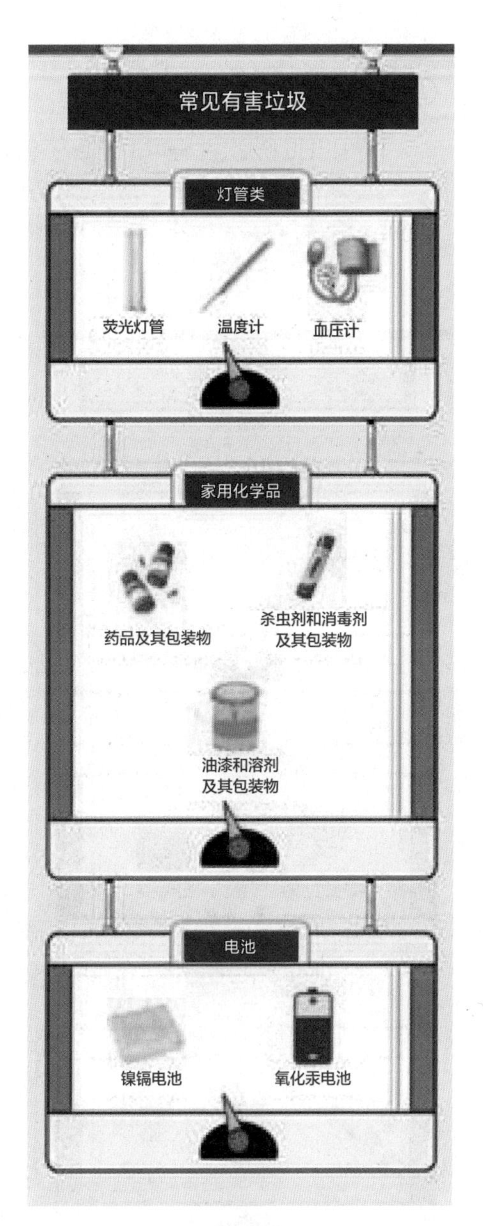

小贴士

废旧的一次性干电池不属于有害垃圾，属于其他垃圾。

装化学品的瓶子、直接接触药品的包装以及用于化妆品的瓶罐，不管是什么材质，均属于有害垃圾，不要误当作可回收物。

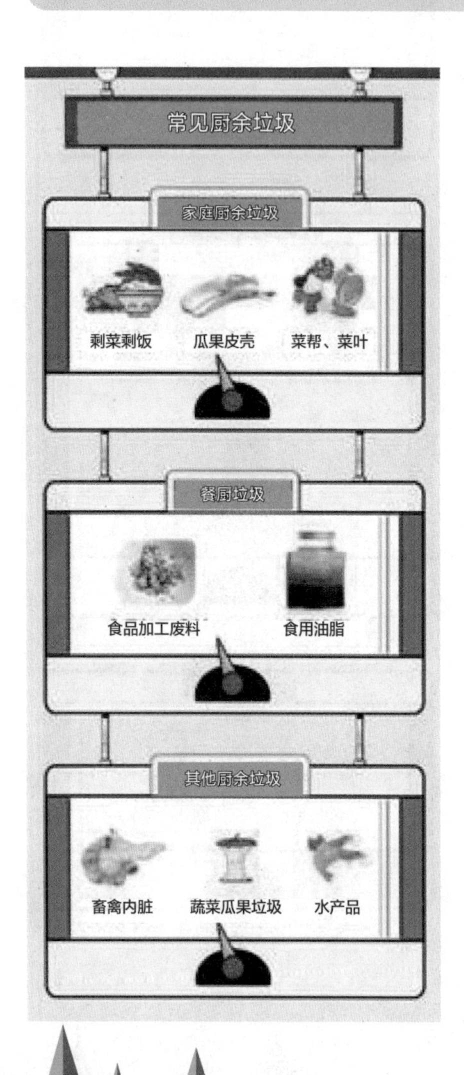


### 2.2.3 厨余垃圾

厨余垃圾指居民日常生活中产生的有机类生活垃圾，包括固体食物、蛋壳、瓜果皮核、茶渣和农贸市场、农产品批发市场废弃的果蔬垃圾等。主要分为三小类：家庭厨余垃圾、餐厨垃圾和其他厨余垃圾。

家庭厨余垃圾。居民家庭日常生活过程中产生的菜帮、菜叶、瓜果皮壳、剩菜剩饭、废弃食物等易腐性垃圾等。

餐厨垃圾。相关企业和公共机构在食品加工、饮食服务、单位供餐等活动中产生的食物残渣、食品加工废料和废弃食用油脂等。

其他厨余垃圾。农贸市场、农产品批发市场产生的蔬菜瓜果垃圾、腐肉、肉碎骨、水产品、畜禽内脏等。

厨余垃圾的特点：

（1）高含水量，不方便运输。

（2）有机营养物质含量高，可以作为植物生长的营养来源。

（3）容易腐烂和变质，影响周围生态环境。

（4）易产生病菌，危害人体健康。

### 2.2.4　其他垃圾

其他垃圾是指除可回收物、有害垃圾、厨余垃圾以外的所有垃圾。主要包括受污染与无法再生的纸张、受污染或其他不可回收的玻璃、受污染的塑料袋与其他塑料制品、废旧衣物与其他纺织品、破旧陶瓷品、难以自然降解的肉食等。

该类垃圾危害较小，但无再次利用价值，目前尚无有效化解的好方法，普遍采用卫生填埋方式处置，应尽量减少产生量。

小贴士

嚼过的口香糖：不属于可回收物，也不属于厨余垃圾，应该扔到其他垃圾里。

用过的塑料袋：用过之后没有清洗，则放到其他垃圾里。

外卖包装盒：未吃完的食物残渣部分属于餐厨垃圾，而包装外卖的纸质包装盒则属于其他垃圾。

## 2.3　城市居民生活垃圾分类投放

### 2.3.1　家庭生活垃圾分类投放

家庭生活垃圾以厨余垃圾、其他垃圾、可回收物为主，每日都会产生，而有害垃圾则不定期产生。

| 家庭日常活动 | 产生垃圾 | 垃圾种类 |
| --- | --- | --- |
| 做饭 | 菜根、菜叶、鱼刺、骨头、蛋壳 | 厨余垃圾 |
| | 干净的塑料袋 | 可回收物 |
| | 污染的塑料袋 | 其他垃圾 |
| 吃饭 | 剩菜、剩饭、鱼刺、骨头 | 厨余垃圾 |
| | 废餐巾纸 | 其他垃圾 |
| 吃零食、水果喝茶 | 果壳、果皮、果核、茶叶渣 | 厨余垃圾 |
| | 干净的零食包装袋 | 可回收物 |
| | 污染的零食包装袋<br>废餐巾纸 | 其他垃圾 |
| 上厕所 | 废卫生纸<br>废卫生巾<br>一次性纸尿布 | 其他垃圾 |

家庭可在厨房摆放厨余垃圾桶，客厅与卫生间摆放其他垃圾桶，阳台设置可回收物桶或垃圾袋，实现分类收集；可在阳台孩子不易够到的地方放置垃圾桶或垃圾袋存放有害垃圾。

### 2.3.2 社区生活垃圾桶配置与分类投放

《郑州市城市生活垃圾分类管理办法》要求，居住区域，包括一般住宅区、公寓区、别墅区等生活住宅区域，应当设置厨余垃圾、可回收物、有害垃圾、其他垃圾四类容器。居民在投放时应对应投放。管理办法明确了实行物业管理的居民小区，物业服务企业为管理责任

人；未实行物业管理的居民小区，社区居民委员会为管理责任人。

### 1. 有害垃圾投放注意事项

（1）投放有害垃圾时，应注意轻放。

（2）废灯管、水银温度计等易破损的有害垃圾应连带包装或包裹后投放。

（3）废弃药品宜连带包装一并投放。

（4）杀虫剂等压力罐装容器，应排空内容物后投放。

### 2. 可回收物投放注意事项

（1）投放可回收物时，应尽量保持清洁干燥，避免污染。

（2）废纸应保持平整。

（3）立体包装物应清空内容物，清洁后压扁投放。

（4）废玻璃制品和废旧电器电子产品应轻投轻放，有尖锐边角的应包裹后投放。

郑州某居民小区可回收物分类收集设施

### 3. 厨余垃圾投放注意事项

（1）投放前尽量沥干水分。

（2）有包装物的厨余垃圾应将包装物去除后分类投放，包装物应投放到对应的可回收物或其他垃圾收集容器。

#### 4. 其他垃圾投放注意事项

应投入其他垃圾收集容器，并保持周边环境整洁。

### 2.3.3 单位生活垃圾分类投放

单位生活垃圾以可回收物、其他垃圾和厨余垃圾为主，而有害垃圾则不定期产生。

同一个单位或同一办公楼至少设置一个有害垃圾收集容器。

<table>
<tr><th>活动类别</th><th>产生垃圾</th><th>垃圾种类</th></tr>
<tr><td rowspan="3">日常办公</td><td>废弃报纸、刊物、书籍、纸张等</td><td>可回收物</td></tr>
<tr><td>废弃塑料文件夹、笔盒等</td><td>可回收物</td></tr>
<tr><td>茶叶渣</td><td>厨余垃圾</td></tr>
<tr><td rowspan="3">餐厅</td><td>食品加工过程中产生的废弃食材、菜根、菜叶、果皮、果壳、果核、蛋壳等</td><td>厨余垃圾</td></tr>
<tr><td>剩菜、剩饭、骨头等</td><td>厨余垃圾</td></tr>
<tr><td>废餐巾纸</td><td>其他垃圾</td></tr>
<tr><td rowspan="3">办公设备或用品</td><td>废弃电话、电脑等</td><td>可回收物</td></tr>
<tr><td>废弃墨盒、硒鼓</td><td>有害垃圾</td></tr>
<tr><td>废弃荧光灯管、废胶片和废电池等</td><td>有害垃圾</td></tr>
<tr><td rowspan="5">其他</td><td>废弃办公桌椅</td><td>可回收物</td></tr>
<tr><td>废弃杯子</td><td>可回收物</td></tr>
<tr><td>废弃盆栽和枝叶</td><td>厨余垃圾</td></tr>
<tr><td>废弃卫生纸、面巾纸、烟蒂、陶瓷花盆等</td><td>其他垃圾</td></tr>
<tr><td>塑料花盆</td><td>可回收物</td></tr>
</table>

### 2.3.4　公共场所生活垃圾分类投放

公共场所生活垃圾以其他垃圾、可回收物为主，偶尔会产生厨余垃圾和有害垃圾。

| 人员活动 | 产生垃圾 | 垃圾种类 |
|---|---|---|
| 休闲、玩耍、休息 | 废餐巾纸<br>一次性纸尿布 | 其他垃圾 |
| | 废弃玩具<br>废报纸 | 可回收物 |
| 吃东西 | 果壳、果皮、果核<br>食物残渣 | 厨余垃圾 |
| | 废矿泉水瓶、饮料瓶、塑料袋<br>干净纸盒 | 可回收物 |
| | 遭污染的塑料袋、纸盒<br>废弃纸巾 | 其他垃圾 |
| 发宣传单 | 废纸 | 可回收物 |

公共区域，包括机场、火车站、客运站、地铁站、公交场站、体育场馆、文化场馆、公园、旅游景点、道路、广场等公共场所，市民在出行、游玩时若有厨余垃圾、有害垃圾，建议携带至有厨余垃圾桶、有害垃圾桶的地方进行投放。

## 2.4　疫情期间生活垃圾分类

### 2.4.1　对于隔离人员或疑似患者产生的生活垃圾处理

首先要对医疗废物和生活垃圾进行区别，医疗废物分为感染性废物、病理性废物、损伤性废物、药物性废物、化学性废物五大类，不属于生活垃圾。对于隔离人员或疑似患者产生的生活垃圾应该参照涉疫医疗废物管理，使用双层包装物，并及时密封分类收集，不应进入日常生活垃圾收集处理体系。

### 2.4.2 针对涉疫生活垃圾处理

各级环卫部门要做好涉疫的各类小区、酒店、集中观察点产生的生活垃圾的分类收集、分类处置工作，落实专用包装袋、警示标识及表明消毒措施（消毒2小时以上），要在卫生健康部门指导下设置专用收集容器，分类收集厨余垃圾和其他垃圾（包括一次性口罩、手套，一次性餐具，接触过的生活、卫生废物等），按规范消毒后送至医疗废物集中处置单位或生活垃圾处理设施进行无害化处置。

对于居民小区、机关企事业单位、公共场所和商圈等非敏感点位收集、转运的废弃口罩等，经集中收集，严格按规范消毒后，由生活垃圾处理设施进行无害化处置。

对于密切接触者产生的垃圾，如纸巾、口罩等，使用专用垃圾袋。清理前，由密切接触者本人使用1 000 mg/L的含氯消毒液浸透，扎紧垃圾袋口，作用30分钟后由家人丢入有害垃圾箱中。处理时，均应戴手套和口罩，处理后应洗手。

### 2.4.3 密切接触者的呕吐物、排泄物和分泌物处理

少量污染物可用一次性吸水材料（如纱布、抹布等）浸5 000~10 000 mg/L的含氯消毒液（或能达到高水平消毒的消毒湿巾/干巾）小心移除。密切接触者的排泄物、呕吐物、分泌物等应用专门容器收集，用20 000 mg/L的含氯消毒剂，按粪、药比例1 ： 2浸泡消毒2小时。清除污染物后，应对污染的环境物体表面进行消毒。盛放污染物的容器可用含有效氯5 000 mg/L的消毒剂溶液浸泡消毒30分钟，然后清洗干净。

### 2.4.4 疫情期间，农村地区的涉疫生活垃圾处理

确不具备转运和集中焚烧处置条件的农村地区，可对涉疫垃圾、废弃口罩等，采用石灰、含氯消毒剂或0.5%的过氧乙酸等消毒剂定时喷洒，进行就地消毒后焚烧处置。

# 第3章 生活垃圾分类的好处

“今天分一分，明天美十分。”给垃圾分类，让环境更美好。相信通过我们的共同努力，必将开启水绿、山青、天蓝的新气象，我们必将拥抱健康、绿色、舒适的新环境。

## 3.1 变废为宝

在我们常见的生活垃圾中，大约 82% 的垃圾都是可以回收再利用的。但要想将垃圾变为资源，必须进行“源头分类”，“不能进行源

头分类的垃圾永远是垃圾”。如果将厨余垃圾、旧手机、废纸、废塑料瓶、旧衣物、易拉罐和啤酒瓶等可回收垃圾进行分类、回收，经过适当的专业处理，就能变废为宝，实现回收循环再利用。例如，鲜厨余垃圾我们可以直接收集起来制作成环保酵素（垃圾酵素），用于去除异味、清洗果蔬、浇花养殖等，既减少了厨余垃圾产生量，又方便了生活，是一举两得的好办法。厨余垃圾经烘干、粉碎和生物发酵处理后，可制成高效的有机肥，我们可以用它作蔬菜种植肥料，比起施用化肥，既安全又健康。

| 回收物资 | 数量 | 节约当量 |
| --- | --- | --- |
| 手机电路板 | 1 吨 | 可回收 200 克金、5 000 克银、9 000 克钽和 250 千克铜 |
| 废纸 | 1 吨 | 可生产 850 千克好纸，节省 300 千克木材，少砍 12~17 棵大树 |
| 厨余垃圾 | 1 吨 | 可生产 0.3 吨高效的有机肥 |
| 废塑料 | 1 吨 | 可回炼 600 千克的汽油和柴油 |
| 易拉罐 | 1 吨 | 可生产 1 吨很好的铝块，可少采 20 吨铝矿 |
| 废钢铁 | 1 吨 | 可生产 0.9 吨好钢，可节约 1.6 吨铁矿石 |
| 废玻璃 | 1 吨 | 可生产 2 000 个 1 斤装的酒瓶 |
| 旧衣服 | 1 吨 | 可生产 0.99 吨无纺布或分色棉纱，可节约 11 吨纺织原料或 0.8 吨棉花 |

## 3.2　减少污染和危害

生活垃圾经分类后，有害垃圾有了合理的去向，得到安全处置，可回收物回收为再生资源后就能减少处理过程中带来的污染和危害。

分类前

一节氧化汞电池烂在土地里，它溢出来的金属汞足以使 1 平方米的土壤永久性丧失农用价值；也能污染 60 万立方米的水质

→

分类后

有害垃圾有了合理的去向，得到安全处置并能减少污染及危害

分类前

废旧玻璃制品无法在填埋中降解，也是不可燃物质，进入了垃圾焚烧炉，就会软化附着在炉壁上影响焚烧效率

→

分类后

废旧玻璃制品作为可回收物回收为再生资源后，就能减少处理过程中带来的污染和危害

## 3.3　减少占地，缓解“邻避效应”

如果有人问你：“垃圾中转站能建在你家附近吗？垃圾处理场能建在你家附近吗？”恐怕，包括你在内的所有人都会说“不”，不要建在我家附近，建哪儿都可以，但别建在靠近我家的地方。邻避效应是指居民或所在地单位因担心建设如垃圾场、殡仪馆等项目对自己身体健康、周边环境质量和资产价值等带来诸多负面影响而滋生嫌恶心理或情结，进而采取强烈和坚决的、有时高度情绪化的集体反对甚至抗争行为。

生活垃圾经过分类后，需要填埋的垃圾量大大减少，从而减少占地，缓解城市土地压力以及垃圾填埋带来的邻避效应。

NO!
反对
建焚烧厂
反对

# 第 4 章 减少生活垃圾的途径和方法

## 4.1　生活垃圾三减量

要实行生活垃圾减量化必须抓好源头、中间和末端三个环节。

### 4.1.1　源头减量

简单、有效的生活垃圾减量措施其实就是从源头削减，使垃圾减量化，包括：

（1）按需采购。

（2）减少一次性用品（一次性筷子、纸杯、洗漱用品等）的使用。

（3）减少塑料袋的使用。

（4）生病时按医生开具的药方购买药品，从药房或药店购买非处方药尽量不要多买，够服用即可，家中避免留存过期、过量药物等。

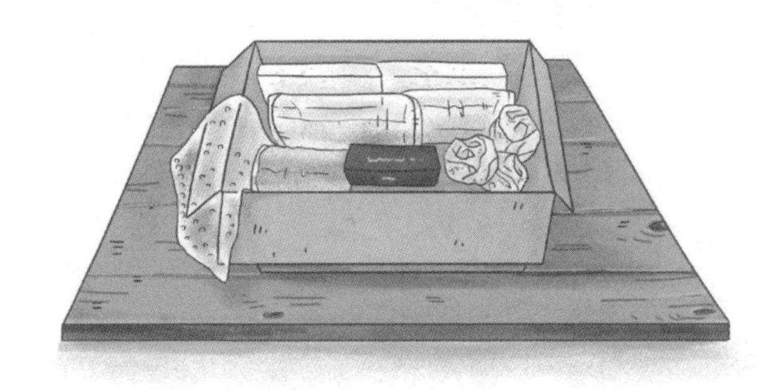

### 4.1.2　中间减量

生活产品从生产完成后到消费者手中，需要经过多个流通环节。随着快递业的迅猛发展，为防止产品运输过程中损坏，对产品进行适度的包装是必需的，但一定防止过度包装。中间环节尽量控制增量垃圾的产生。

### 4.1.3 末端减量

家具类、电器类、电子类产品在不失去使用功能、完好的情况下，尽可能继续使用；出现损坏时，能修复利用的，优先修理，继续使用，当不具有修复利用价值时，再淘汰或更换。

## 4.2 绿色环保生活方式

### 4.2.1 “光盘”行动，你我同行

餐桌文明是人类文明的缩影，“一粥一饭，当思来之不易”。“光盘”行动既能唤起人们爱惜粮食、反对浪费的责任，又弘扬了中华民族勤俭节约的优良传统，也培养了我们良好的生活观、消费观，这种行为值得大力提倡和践行。

### 4.2.2 环保酵素，清洁生活

餐后厨余垃圾可以用来堆肥作为花草植物的肥料，那么，餐前那些鲜厨余垃圾又该如何处理？环保酵素的出现，为我们解决了这一问

题。

环保酵素，又称为垃圾酵素，其主要成分为乙酸、乙醇、生物酶、细菌素，还有少量氨基酸、超氧化物歧化酶、B 族维生素、肽等，是一种具有催化、转化、降解等多元功能的酶和益生菌的混合物，极具活性。它是泰国乐素昆·普潘翁博士经多年研发出的一种将红糖、鲜厨余垃圾及水，经过厌氧发酵后产生的棕色液体。

制作好的环保酵素按不同比例加水稀释后，就可以在生活中大显身手啦！比如：用它来清洗果蔬、种植花草、除去异味等，它一定能够成为我们的家庭好帮手。

根据统计，每制作出 1 000 克酵素，能减少鲜厨余垃圾产生量约 500 克。郑州市每日产生生活垃圾平均 5 000 吨左右，按鲜厨余垃圾占 1/5 来算，一天就能产生 1 000 吨鲜厨余垃圾，如果制作成环保酵素使用，每日减少的生活垃圾量是一个非常大的数字，可以节约很多处理垃圾的能源和金钱。另外，制作好的环保酵素既能替代平时的化学清洗剂、洗洁精、空气清新剂等，也会节省一部分家庭开支，具有一定经济效益。所以，希望大家都能动动手，在生活中随手将垃圾从源头减量化，做一名环境卫士，为美丽城市增添一抹清新的绿色！

环保酵素使用方法（仅供外用）

| 使用范围 | 参考方法 | 功效 |
| --- | --- | --- |
| 去油污 | ①洗碗：洗洁精或小苏打 1 份 + 酵素 1 份 + 水 5 份<br>②清洗抽油烟机等重油污：小苏打 1 份 + 酵素 1~2 份（可酌情加洗洁精）装入喷壶，喷洗表面，静候片刻后再擦拭、清洗 | 分解油污，不伤手 |
| 洗衣 | 洗衣液 1 份 + 酵素 10 份 + 水 5 份，浸泡后清洗更佳 | 去污力强，易漂洗，固色，去异味 |
| 洗果蔬 | 清水冲洗过蔬菜瓜果后，1 000 克清水中加 1~2 瓶盖酵素，浸泡 45 分钟 | 分解农药、化肥残留物 |
| 洗车 | 按照酵素：清水为 1 ：1 000 的比例来擦拭车身和车的内饰 | 节水，节电，节约清洁剂等 |
| 清除异味、拖地擦桌 | ①拖地擦桌：一桶水中加入 2 瓶盖酵素<br>②清除空气异味：酵素：清水按照 1 ：1 000 的比例配制后喷洒至空气中 | 去除空气异味，除臭，减少蚊、蝇、老鼠、蟑螂等四害数量 |
| 浇花草 | 按照酵素：清水为 1 ：1 000 的比例稀释后可以直接用于浇花草等 | 促进植物生长 |
| 净化下水道 | 疏通马桶：倒入酵素原液 250 毫升，稍等片刻后再用水冲 | 疏通马桶，除臭，净化 |

### 4.2.3 环保公益，奉献爱心

当我们在收拾整理家庭废旧物品的时候，对于一些旧书、旧衣物、旧棉被等，可以将它们整理好，跟社区工作人员、单位联系，或者放入小区摆放的废旧衣物捐赠箱等。将这些废旧物品捐赠，既能减少垃圾产生量，又能传递出爱心，帮助有需要的人，这种一举两得的善举，何乐而不为呢？伸出你的爱心之手，你的举手之劳能赢得需要帮助的人们的欢呼！

### 4.2.4　旧物变新，变废为宝

我们家中存放多时的一些旧书、旧报、旧刊、旧票证等，如果单单作为生活垃圾卖掉或者丢弃，非常可惜，因为这些物件在自己看来

是废物垃圾，可在别人眼里也许是可以重新利用或者再使用的资源。因此，将这些物件放在互联网上二次销售、交换或者捐给收藏机构，也是将垃圾变废为宝的一个好办法。

从垃圾分类开始做起，实现垃圾减量和资源利用，最大限度地减少环境污染，事关我们每个人，需要每个人的共同参与！

# 第5章 生活垃圾分类与回收先进经验

## 5.1　国内垃圾分类与回收先进经验

台湾的街边几乎没有垃圾桶，但台湾的街道却非常干净。这是怎么做到的呢？

### 1. 垃圾不落地

台湾从 20 世纪 90 年代开始实行“垃圾不落地”政策，小区内不设垃圾桶、垃圾箱、密闭式清洁站等生活垃圾暂存和中转设施，居民必须在家里对垃圾进行粗分类，不分类则会被拒收或被处罚。

### 2. 垃圾分类：三大分类，还有细分

台湾的垃圾回收分类细致，主要分为一般垃圾、可回收垃圾和厨余垃圾三大类。

一般垃圾不可回收，将直接拉到焚烧厂焚烧。

可回收垃圾包括塑料、玻璃、纸质品、金属、泡沫等。

厨余垃圾指一般家庭产生的有机废弃物，如水果皮、菜叶、过期食品、茶叶渣、咖啡渣等。厨余垃圾根据处理方式不同还会细分为生厨余垃圾和熟厨余垃圾。

所以在很多台湾家庭的厨房里，都会有三个垃圾桶，分别装一般垃圾、可回收垃圾和厨余垃圾，不出家门便实现了垃圾分类。

除此之外，台湾城市和乡村的街头还设有很多旧衣物捐赠箱，大家可以把家中的旧衣服放在里面，由相应人员收取后捐给需要的人。

### 3. 垃圾装袋：垃圾袋大有讲究

在台湾，不仅垃圾分类精细，垃圾袋的分类使用也是有讲究的。

为了鼓励市民保护环境、践行垃圾分类，台湾很多城市开始实行垃圾袋收费政策。这个垃圾袋和我们去超市买的一卷卷的垃圾袋不一样，而是台湾各地环保部门定制的，由可降解塑料制成，上面印有专门的标志，按数量收费。居民需要到便利店或其他指定地方购买专用的垃圾袋。

一般垃圾必须用这种垃圾袋来装，而可回收垃圾则没有这项要求。若想少花钱买专用垃圾袋，居民就要尽可能地在垃圾中找出可回收垃圾，减少一般垃圾的数量。

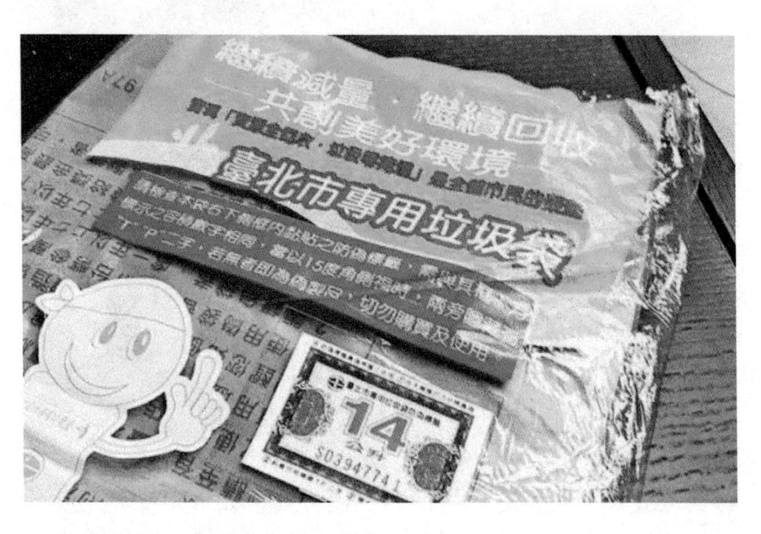


### 4. 垃圾整理：装袋方式大有学问

台湾的垃圾回收还不仅仅是分类这么简单——不是按类别随手装

到相应的袋子里就万事大吉了，而是要将垃圾按要求整理好。

如饮料瓶和牛奶盒这类可回收的物品，需要将饮料、牛奶喝完或倒掉后将盒子清洗干净，牛奶盒也要压扁成片状才行，塑料饮料瓶则需挤成一团。这些步骤看似麻烦，其实只需要几秒钟的时间就可完成，不仅让可回收物更清洁，还节省了空间。

对于厨余垃圾，有很多家庭会安装厨余垃圾粉碎机，轻松实现厨余垃圾的整理。而且丢厨余垃圾时要倒在专门的收集桶中。如果放在袋中也是要先将袋子戳破再倒到桶中，所以很多家庭的厨余垃圾都是存放在桶里的。

而有一些回收价值并不高的垃圾，比如小的酸奶盒、塑料袋、便当盒等，居民可以自行选择是要作为一般垃圾还是可回收垃圾处理。如果要作为可回收垃圾处理，也要清洗干净才可以。

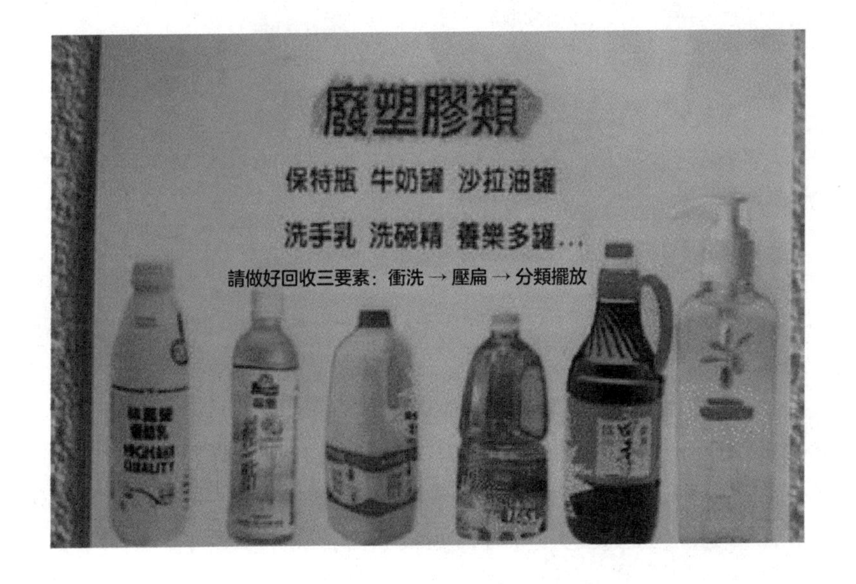

### 5. 垃圾回收：专业人士细致处理

垃圾分好类了，也装好了。那么问题来了，垃圾送到哪儿呢？

在台湾有专门的垃圾车来收垃圾。每天在固定的时间，垃圾车都会沿着固定的线路收垃圾，行驶时会播放特定的音乐提醒市民：来收家里的垃圾了。跟车清洁人员会检查垃圾有没有按要求分好类，确认无误了才可以丢上垃圾车。

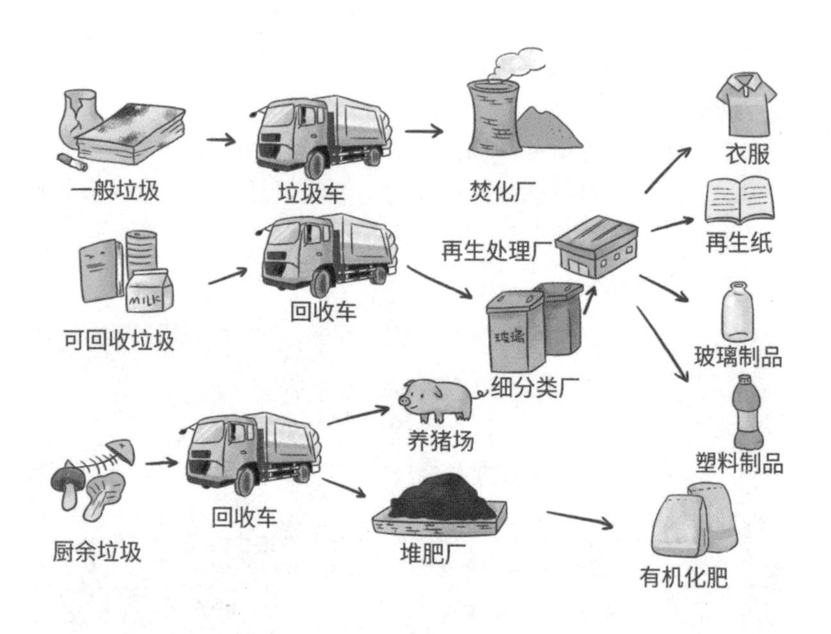


垃圾被收走后将会分类进行处理。一般垃圾会被焚烧或掩埋，但由于掩埋会发出恶臭且有发生火灾的风险，在台湾已不再采用掩埋的方式，仅采用焚烧的方式。可回收垃圾在被回收后，要被送往垃圾回收点，被更严格细致地分类和回收再利用，剩余少量不可回收的垃圾将被焚烧处理，此过程可以再生发电。垃圾焚烧后产生的飞灰可送到炼钢厂以及水泥厂作为原料，底渣则可用来做管沟回填或者做铺路的材料。厨余垃圾根据处理方式可再细分为生厨余垃圾和熟厨余垃圾，生厨余垃圾将用来堆肥，熟厨余垃圾将送到养猪场喂猪。

分类、装袋、回收、处理各环节紧密对接，落实到位，让台湾的垃圾回收工作真正做到了全方位、无死角，台湾的生活环境也因此日益整洁美观、清爽宜居。

## 5.2　国外垃圾分类简介

### 5.2.1　日本垃圾分类

日本从 1980 年就开始实行垃圾分类回收，如今已经成为世界上垃圾分类回收做得最好的国家。目前，日本每年人均垃圾生产量只有 410 千克，为世界最低。更重要的是，垃圾分类投放已经成为日本民众的一种自觉行为，即使没人监督也会严格执行。

日本的垃圾分类非常细，除了一般的生活垃圾分为可燃和不可燃垃圾外，资源性垃圾还具体分为干净的塑料、纸张、旧报纸杂志、旧衣服、塑料饮料瓶、听装饮料瓶、玻璃饮料瓶等。除此之外，更换电视机、冰箱和洗衣机还必须和专门的电器店或者收购商联系，并要支付一定的处理费用。大件的垃圾一年只能扔 4 件，超过的话，要付钱。

看起来如此麻烦的事情，日本人却乐此不疲。喝完一瓶可乐后，他们会洗净饮料瓶，揭下外面的塑料包装，把它扔到可回收的塑料垃圾袋中。瓶盖属于不可燃垃圾，而瓶子本身则要放入专门的塑料瓶回收箱。

更为麻烦的是扔垃圾。在日本，每户家庭的墙上都贴有两张时刻表，一张是电车时刻表，另一张就是垃圾回收时刻表。每周 7 天，回收垃圾的种类每天各不相同。居民需要在垃圾清运当天早晨 8 时前，把垃圾堆放到指定地，不能错过时间，否则就要等下周。

分类垃圾被专人回收后，会进行环保再利用。日本的免费公厕都提供免费卫生纸，在这些卫生纸上，也打印着一行小字：这些卫生纸都是利用回收的车票做成的。

日本人对超市垃圾的处理方法也是值得学习的。以白色饭盒为例，人们在超市买了白色饭盒装的东西回家后，不会随手把饭盒扔掉，而是在使用后把饭盒再交回超市，由超市把饭盒统一返还给厂家进行再利用。目前日本一共有40个生产饭盒的工厂，其中8家工厂既生产饭盒，又回收饭盒。而这8家的生产量，占到日本总饭盒生产量的90%。

在日本，市民如违反规定乱扔垃圾，就是违反了《废弃处置法》，会被警察拘捕并处以3万~5万日元的罚款。但是垃圾分类投放已经成为日本民众的一种自觉行为，你如果不严格地执行垃圾分类政策的话，将面临巨额的罚款，在以住宅团地为单位的区域社会，落下个“不履行垃圾分类”的名声，那可是很丢人的事了。

在日本，垃圾分类从娃娃教起。孩子们从懂事起，就会在父母、老师的教导下严格遵守这些规则。垃圾分类对日本的孩子来说，是从小就看惯了的事，成年人遵守得一丝不苟，榜样的力量就会铸就他一生的习惯。

### 1. 日本小朋友清洗牛奶盒的过程

日本小学里，小朋友清洗牛奶盒的过程如下：

（1）在教室里，小朋友把牛奶盒里的牛奶喝得干干净净。

（2）在装着水的桶里汲水来清洗牛奶纸盒（注意：不是在水龙头下洗哦，那很浪费水的）。

（3）因为已经养成习惯，小朋友一个接一个地来清洗。

（4）把洗好的牛奶盒水倒干以后放在通风透光处晾晒。

（5）把前一天晒好的牛奶盒用剪刀剪开，方便收集。

（6）工作人员来收集小朋友们的牛奶盒。

### 2. 日本人丢弃饮料瓶之前需要的五个步骤

一个饮料瓶子，在中国可能只随手一扔就完了，在日本，丢弃之前需要以下五个步骤：

（1）喝光或倒光。

（2）简单水洗。

（3）去掉瓶盖，撕掉标签。

（4）踩扁。

（5）根据各地的垃圾收集规定，在“资源垃圾日”拿到指定地点，或者丢到商场或方便店设置的塑料瓶回收箱。

## 5.2.2　德国垃圾分类

德国垃圾循环利用率始终保持在 65%，是全球垃圾回收利用率最高的国家，有很多值得称道的措施制度。

### 1.“退瓶费”：一手交瓶，一手退钱

在德国，人们只要将饮料瓶收集起来投入超市里的自动回收机，便能在超市收银台获得 “退瓶费 ”。

### 2. 小小“绿点”撬动包装回收体系

1991 年，德国通过了《包装条例》，强制性要求生产厂家和分销商对其产品包装全面负责，包括负责回收废弃包装，再利用或再循环其有效部分。

DSD 是一个专门组织对包装废弃物进行回收利用的非政府组织。它接受企业的委托，组织收运者对企业的包装废弃物进行回收处理。只要与 DSD 签订了协议，生产企业就可以在包装物上贴上“绿点”标记。易于回收循环的材料注册费用较低，反之则较高，充分体现“垃圾减量”的原则。

**3. 垃圾收费：谁产生，谁买单**

德国的环境政策有一条原则：给环境造成影响或损害的人要负责承担环境受损的费用。也就是说，谁产生垃圾，谁买单。这个基本原则，贯彻落实到了德国每个角落，无论是私人家庭，还是企业公司。

**4.“连坐式”惩罚措施**

如果垃圾回收公司的人员发现某一处垃圾经常没有严格分类投放，会给附近小区的物业管理员以及全体居民发送警告信。如果警告后仍未改善，垃圾回收公司就会毫不犹豫地提高这片居民区的垃圾清理费。“罪魁祸首”被查出后，不但会遭受邻居们的谴责，甚至会被赶出小区。

**5. 偷倒垃圾，小心环境警察**

德国每个城市的下属辖区一般会有 5~10 名环境警察。每天，环境警察都会开着警车，到他们负责的区域巡逻三次。环境警察如当场发现违章行为，则有权开具最高罚款至 35 欧元的罚单；对于偷倒的“无主”垃圾，警察会仔细查找垃圾中的蛛丝马迹来锁定偷倒者。偷倒垃圾还与个人信用挂钩。

### 5.2.3 比利时垃圾分类

早在 2017 年的统计数据中，比利时的垃圾回收率就已经超过了 80%，基本上九成以上的家庭已经能自觉按照规定进行垃圾分类。同时，比利时的垃圾分类可以归到“11 分法”，细致入微，比其他很多国家都更精确一些。

**比利时的 11 分法名称**

| 可生物降解的厨余垃圾 | 难生物降解的厨余垃圾 | 纸制品 |
|---|---|---|
| 塑料制品 | 无色玻璃瓶 | 有色玻璃瓶 |
| 纺织品 | 家电、家具等 | 有害垃圾 |
| 园艺垃圾 | 建筑垃圾 | |

# 分类导图

垃圾分类很重要
垃圾分类是强制性的

塑料瓶　　金属包装　　纸箱、饮料纸盒

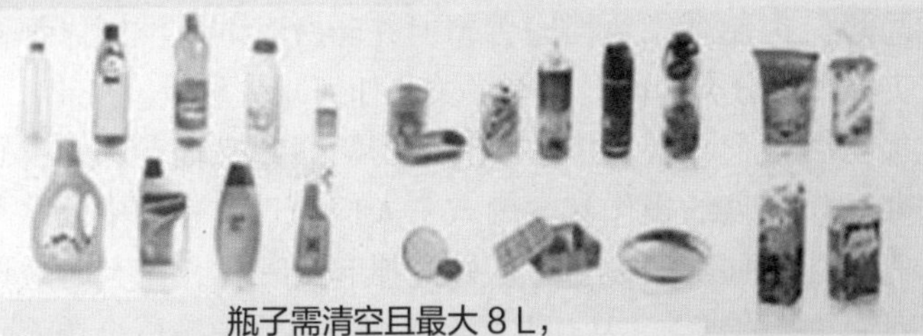

瓶子需清空且最大 8 L，
蓝色袋子装塑料瓶和小瓶子，其他放在白色袋子里。
包装上带有腐蚀或有毒标识的必须在指定位置丢弃。

家庭垃圾、剩余废物、生活垃圾（厨余垃圾）

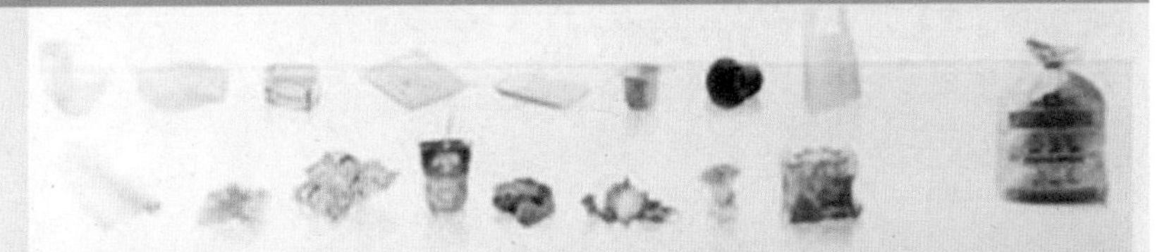

受污染的包装

适当地清洁和干燥。

园林废物也是垃圾

**1. 有关教养是首要问题**

垃圾分类跟教养紧密关联。分类处理垃圾虽然比较麻烦，但这是一种有教养的表现。如果不分类处理垃圾，虽然不麻烦，但那是一种没有教养的表现。教养问题比麻烦问题重要得多。

**2. 更关心如何减少垃圾**

一种日常行为的改变很重要，但一种思想观念的改变也许更加重要。比利时的垃圾分类制度细致而完善，但并非所有的欧洲国家都做得这么好。在实施垃圾分类的同时，要更关心如何减少垃圾。

“出门吃饭自带饭盒和餐具”“喝完的啤酒瓶拿来插花”“自制圣诞树”，这些比较常见的操作基本融入了人们的日常生活中。这种习惯也来源于教育，正如我们说要“从娃娃抓起”一样，比利时垃圾分类教育也被列为“必修课”，从幼儿园到大学，各个年龄段全覆盖。在源头上对垃圾进行精准分类，是为了给回收之后的分类处理奠定基础。